像素雕琢

跨平台用户体验设计法则

DESIGN FOR A PERFECT SCREEN

［以色列］Tal Florentin　著

北京天职信息技术有限公司　译

人民邮电出版社

北京

图书在版编目（CIP）数据

像素雕琢：跨平台用户体验设计法则 /（以）塔尔
• 弗罗仁汀（Tal Florentin ）著；北京天职信息技术
有限公司译. -- 北京：人民邮电出版社，2017.7
　　ISBN 978-7-115-45793-6

　　Ⅰ．①像… Ⅱ．①塔… ②北… Ⅲ．①人机界面—程
序设计 Ⅳ．①TP311.1

　　中国版本图书馆CIP数据核字(2017)第117448号

版 权 声 明

◆ 　著　　　　[以] Tal Florentin
　　译　　　　北京天职信息技术有限公司
　　责任编辑　赵　轩
　　责任印制　焦志炜

◆ 人民邮电出版社出版发行　　北京市丰台区成寿寺路 11 号
　　邮编　100164　　电子邮件　315@ptpress.com.cn
　　网址　http://www.ptpress.com.cn
　　北京画中画印刷有限公司印刷

◆ 开本：720×960　1/16
　　印张：6
　　字数：72 千字　　　　　　　　　2017 年 7 月第 1 版
　　印数：1 – 2 500 册　　　　　　　2017 年 7 月北京第 1 次印刷
　　著作权合同登记号　图字：01-2017-3631 号

定价：39.00 元
读者服务热线：(010)81055410　印装质量热线：(010)81055316
反盗版热线：(010)81055315
广告经营许可证：京东工商广登字 20170147 号

内容提要

用户体验设计是一种比较主观、抽象的工作。本书通过行为学、心理学的描述阐明了用户体验设计到底是怎样对用户发生作用的。当用户在浏览一个页面的时候，他的视角是怎样的？一个页面的结构布局又是如何影响用户浏览的？对于这些问题的具体解答，将会使读者更深刻地理解一些用户体验设计的客观、可实施的评判原则，也会了解到具体怎样做才可以达到一个好的用户体验设计。

本书从用户界面最基础的知识入手，介绍了页面布局的基本原则，为后面的复杂布局应用奠定基调；之后，从页面可读性、黄金分割、认知过程几个方面阐述了一个优秀的界面应该有的特征，帮助读者掌握打造高品质用户体验的黄金法则。

本书结构层次分明、内容简练精辟，无论您是前端设计 / 开发工程师，还是需求分析师，本书都值得您仔细品味、消化吸收。

译者序

前端开发人员缺少的从来都不是工具，就好像程序员从来不缺少 IDE 一样。作为一个软件开发人员，更需要理论落实到具体方法上的指导，就像设计模式、开发框架之于程序员，在界面设计方面，这本书恰恰达到了这个目的。

评判一个好的 APP 或者网站的标准有很多，人们首先想到的大多会是功能、内容等因素。然而，再丰富的功能，再充足的内容，也无法挽救一个布局凌乱，内容混杂的 APP 或网站所留给你的第一印象。对于一个印象大打折扣的 APP 或网站，你还会有兴趣继续关注它吗？我相信你不会。

通过这本书，你会了解到人们关注内容的方式与习惯，进而体会到作者所提到的那种能力——仅仅凭借静态的内容布局就可以实现引导用户的目的。神奇吗？不仅如此，黄金分割的真实案例，还会让你体会到日常事物不可言喻的美妙。原来一个简单的位置调整，就可以让一幅普普通通的照片变得生动起来，仿佛它有着自己的故事，让人浮想联翩。

作者丰富的设计经验让人折服，这对于前端开发工程师，尤其是在设计方面缺乏经验的人来说，是不可多得的宝贵财富，值得我们去学习和借鉴。而对大多数普通人而言，掌握其中的奥妙，能够让照片更加生动，让文档更加简洁易懂，如此，何乐而不为呢？

最后，感谢参与本书翻译及校对的工作人员：王治国、刘凯、许大伟、陈东、陈天运、白思思、胡萌、裴芮、韦祎蒙、周静。

本书翻译团队的本职工作侧重于企业应用开发，出于对用户体验的兴趣完成了这本书的翻译。希望这本书能帮助到中国的软件开发者。如书中存在疏漏之处，还请读者指出。

从这里开始

设计的神奇力量

优秀的设计师可以影响用户的操作行为，他们可以让用户按照规定的路线来浏览当前页面，甚至可以在页面上定义一个入口，让用户不得不从指定的位置开始浏览，就像魔法师的魔法一样。

他们进行设计的方式有很多种，其中一种是传统的设计方式。该方式在建筑行业和印刷业已经有几百年的应用历史，它源于一些调查研究，例如视觉追踪技术。这些技术的应用在行为学和心理学中也很常见（例如人在做选择时眼睛会不停地转动）。在设计的过程中，像这种涉及其他行业的例子还有很多。再举个例子，我们日常用到的工具（如钢琴的键盘、铁锤的手柄），同解剖学也是息息相关的。

就像心理学家一样，设计师也会掌握一种"魔法"，这种"魔法"可以影响用户、训练用户并且引导用户。你一定对这种"魔法"感兴趣吧？那么让我们一起揭开设计这层神秘的面纱吧！

揭开设计神秘的面纱

我用了 18 年的时间研究数字产品界面的设计技巧，并尝试熟练应用它们。刚开始我还不清楚到底什么是设计，一段时间后，我发现了一些规律，但这些规律并不具有广泛适用性。我已经设计了 120 种产品（大约有 3500 个页面、屏幕和布局），但仍有很多需要学习的地方，并且我也会尽自己最大的努力做到最好。

享受设计带来的力量

之后几年，我一直在学习怎样才能熟练地应用优秀的设计。下面是我最近研究的一个项目带给我的感触。我带领我的团队为一个来自 Tel-Avivian[1] 的博客做设计，这个博客的受众是"Y 世代"[2]。让我意想不到的是这个作品竟然获得了 2014 年的国际用户体验奖[3]，于是我的名字就出现在了一份大约有 40 人的名单上，并且除我之外，这 40 多个人之前都曾获过奖。

分享这份力量

上面这段文字看起来像是在炫耀，然而并不是。这次获奖对我而言并没有多大影响，却激发了我分享知识的欲望。我讲授了十几年的 UX 课程，估计可能是我们国家最活跃的 UX 讲师了吧！几年前，我创立了 UXV[4] ——以色列 UX 认证机构，并向 UX 的人才市场输送了几百人，但只有此次获奖真正让我产生了向国外传递知识的欲望。

我写这本书的原因，就是让你在学习 UX 的道路上不用走那么多的弯路。尽管我坚信勤学苦练很重要，但在成功的道路上还是应该要借鉴他人的经验。

---

1 以色列地名——译者注。
2 "Y 世代"指的是 1980 年之后出生的人。
3 https://userexperienceawards.com/——译者注。
4 UXV – the Israeli UX certification program。

这本书会使你在 UX 前进的道路上更加容易。本书中，我将采用最简单的方式来描述不同的工具、方法和技巧。另外，为了便于读者理解，我还加了很多图片进行说明。你要做的就是花一些时间读完这本书，之后的实践就要靠你自己。

这不像是魔法世界，你发现的这些秘密不应该只有一部分人知道，我们需要将这些秘密传递给更多的人。事实上，这正是我想要的——让更多的人知道这些秘密会让世界变得更加美好。

让我们用设计来创造更加美好的世界！[1]

开始之前你必须要解决的问题

这本书主要是针对数字产品的布局进行讲述，然而，设计并没有一个标准。如果你想接受本书中所涉及到的设计思想和过程，那么你需要开始做很多关于 UX 的研究和调查。在这个过程中，我们会经历以下的一些重要步骤，它们会带给我们一些有用的信息。

- 我们需要调查并定义产品的商业目标，并且明白对于本产品来说，什么才是最好的交互。
- 我们需要花费大量的时间来对我们产品的受众进行充分调研。我们一定要抱着一种"我并不清楚用户到底需要一个怎样的产品"的态度去完成这项工作。对用户的调查将会让我们知道用户眼中的世界是怎样的，而不仅仅只局限于我们眼中的世界[2]。
- 此外，我们必须了解产品以及它的功能需求。一个UX设计师并不是产品的唯一定义者。我们需要理解需求，用最有效的方式将功能呈现给用户，并尽可能地满足产品的商业目标和用户需求。

---

1 Let's make it a better world – pixel by pixel。
2 毕竟产品是给用户用的——译者注。

在开始设计之前

当你打开你最喜欢的设计软件（原型设计工具）的时候，你应该确保你可以回答以下几个问题。

1. 该页面提供的功能是什么？

2. 该页面目标用户是谁？使用该页面的用户是一个怎样的人？

3. 你期待用户在页面上执行哪些操作？

当你已经为页面的期望值进行了充分的思考和定义后，你就可以开始你的设计工作了。我们的目标就是创建一个可以迎合所有期望的设计。

在设计之前，设定一个期望值很重要。本书将会用这样的屏幕来演示和描述我的解决方案。虽然这只是一个特定比例的屏幕，但是不用担心，本书所提及的所有设计思想和规范适用于各种类型的屏幕，包括平板和智能手机。当本书所提及的模式需要一些修改才能用在其他地方的时候，我将会提醒并给出解决方案。

这是一个屏幕

目录

第 1 章 布局中的力和重力

1.1 搞清楚用户是如何使用的

设计一个布局其实需要理解一种"力",这种力会控制用户的行为。用户的第一个认知周期是从环境中获取信息。然而,对于我们来说,用户得到的大多数的信息是通过眼睛来获取的(也就是他看到了什么)。理解眼睛是如何工作的,尤其是理解眼睛浏览一个页面的方式在设计中是一个很重要的参考量。

1.2 两种主要的"力"

眼睛浏览一个页面的时候,主要是靠两种"力"来驱动,即:**从上到下和从左到右**(后者还要复杂一些,我等一下会讲到)。

这两种力在平面设计中较为常用,如报纸、书籍和广告。同样的,对于一些数字产品,如网站、登录页面和 APP。上面提到的"力"也同样适用。

我们来看一下这两种力到底是什么样的。

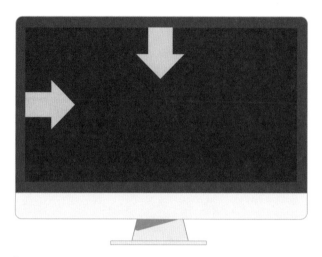

两种"力"

1.2.1　从上到下的"力"

我们先来看第一种力。这种力是垂直方向的——它可以驱动我们从上到下地浏览信息。这条规律也叫"古腾堡之力",是以发明印刷机的古腾堡先生之名命名的。每当我们浏览一个图形界面的时候,总会感觉有一股力量让我们不自觉地从上到下浏览页面。

我们应该如何利用这条规律呢?我们应该把最主要的信息放在顶端,以便于用户可以在第一时间看到。这种做法很直接,对吧?

1.2.2　从左到右的"力"

第二种力会影响用户水平方向的浏览顺序。这种力和当前内容所用的语言相关,不同语言的阅读顺序其实是不一样的。如果你的内容和英语的阅读顺序一样,这种力应该是从左向右的。如果内容是用从右向左的阅读顺序来做的,例如希伯来文和阿拉伯文,这种力就应该反过来——也就是从右向左。

但是我要声明一点，这种力其实是和读者有关的。如果读者日常的习惯就是从左向右的阅读顺序，那么这位读者在浏览一个页面的时候，将会把眼睛"自动地"放在页面的左上角。

1.2.3　把这两个"力"合在一起

在物理中，经常使用"矢量合成"的方法来计算多个力的合力。我们都知道，力有方向，也有大小。那么，这两种力哪一种更强一些呢？是从左到右的"力"还是从上到下的"力"？

一般来说，这两个力是等同的，创建一个矢量其实就是从屏幕的左上角到右下角连接一条线。

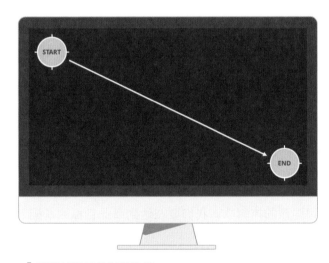

通常情况下的浏览路径

如图 3 所示，通常情况下，用户的浏览路径都是从左上角开始。这两种"力"会引导用户从左上角一直浏览到右下角。

1.3   所以，用户的浏览方向是对角线方向吗？

那么是否就像上文所提到的那样，用户一定会按照对角线方向来浏览屏幕呢？

当然不是，一些研究（如视觉追踪）表明，人们只是在浏览的时候眼睛会按照对角线方向移动。所以说这种对角线方向的说法只是用户大体的视觉移动方向。

1.4   所以，用户到底是怎样浏览页面的呢？

我们目前所知道的是用户的视线通常会从左上角移动到右下角。但是在移动的过程中都发生了什么呢？答案是：看情况。当然了，这也取决于设计师。元素在页面上的布局也会影响用户浏览页面的方式。

这既是一个好消息，又是一个坏消息。对于那些认为用户的浏览过程一成不变的设计师来说收到的就是坏消息。如果设计师设计出来的页面不是用户想要的，那么这个设计师就一定要反思了。

好消息就是，我们有很多方法来控制用户的浏览路径。优秀的设计师会有很强烈的控制欲。我们要在达到商业目标的基础上来定义用户如何浏览我们的页面。

在接下来的章节中，我会告诉你怎样使用这两种"力"。

1.5　本章所提到的技巧

──────────── 设计技巧 1 ────────────

这两种"力"会控制用户的浏览路径，并且这两种"力"的强度相差无几。

──────────── 设计技巧 2 ────────────

浏览路径从左上角一直到右下角。

──────────── 设计技巧 3 ────────────

浏览和阅读的路径是一条直线。

第2章　页面元素摆放指南

从印刷时代开始，页面上各个元素的摆放位置一直困扰着设计师们。因此，合理地规划元素在页面中的位置是尤为重要的。

本章所提及的元素摆放指南最早诞生于印刷时代，并引导设计师们合理地对元素进行布局。

2.1　四分布局

首先，我们需要将屏幕等分为四块，如图所示。

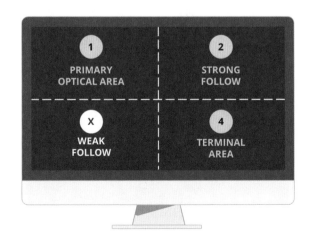

四分布局

2.1.1　主视觉区（Primary Optical Area）

左上角的区域叫做"主视觉区"。当用户的眼睛扫视页面的时候，目光一般会停留在这个区域。主要视觉区将会在第一时间吸引用户的注意力。因此，本区域可以用来放置网站的 logo，告知用户当前页面的位置，显示欢迎信息等。

2.1.2　强视觉区（Strong Follow）

第二个区域叫做"强视觉区"，该区域对用户的吸引力仅次于第一个区域。我们的视觉一般是在水平方向移动的，因此，我们的大脑会很容易引导视线从第一个区域转移到该区域。设计师可以通过在首页放置一个大图片等方式来引导用户视线的水平移动。在这里，我们运用了"古腾堡之力"的水平力。

2.1.3　终止区（Terminal Area）

当目光划过第二个区域并准备向屏幕末端移动的时候，"垂直力"将会引导用户的目光来到第四个区域。这个区域正是"终止区"，即视线终止的地方。该区域可以放置按钮，也可以用来告诉用户接下来该做什么，如可以放一个链接来引导用户浏览下一个页面。

在这个过程中，我们跳过了"弱视觉区"。

2.1.4　弱视觉区（Weak Follow）

为了确定用户视觉的浏览路径，我们需要跳过第三个区域。所以，该区域我们不能放太多重要的内容。

如果第三个区域的内容和第二个区域的内容一样多，有可能会产生"冲突"。刚浏览完第一个区域的用户将会得到两个焦点，此时，用户的心里就会想，下一步应该看哪里呢？我们知道"水平力"和"垂直力"其实是相等的，这就意味着用户的视线将会停滞在这里不知所措，不知道应该选择哪一个区域继续浏览。我们一点也不想让这种情况发生。

我们希望页面中定义的浏览路线对于每一个人都是一致的，所以在设计中，我们要避免冲突。

2.2 使用这个准则需要分情况

本章提到的准则只作为设计师的一个参考，有时候我们的客户是不会让我们将页面的 1/4 留为空白的。因此，我们可以把这个准则应用在网站的首页或者各种 CMS 上，但是该准则并不适用于专业性强的网站，在此类网站中，我们希望充分利用屏幕上的每一寸空间。

2.3 本章所提到的技巧

—————————————— 设计技巧 4 ——————————————

将第三个区域留为空白可以避免页面中的视觉冲突。

第3章 实践

为了便于理解上文中所提到的设计思想，我们使用下面这个网站作为例子。如果该网站首页放置了大量文字，估计没人会耐心阅读。此时，上文提到的布局思想就起到作用了。

3.1 POCKET[1]

Pocket 的官方网站将上文提到的布局准则发挥得淋漓尽致。

▍ POCKET 网站截图

1 一个手机应用 https://getpocket.com——译者注。

用户在浏览的时候，先看到的是左上角的 logo，用户在浏览欢迎文字的过程中会自然地将目光引向第二个区域。当浏览完成之后，目光会停留在登录和注册的位置。

另一方面，用户会注意到平板，甚至会注意到咖啡，但是注意力并不会被吸引过去，因为那个区域没有很重要的内容。

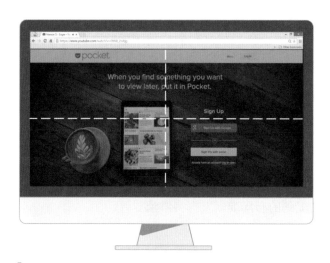

Pocket 的网站被分为四个区域

请注意，由于第三区域并没有展示重要的信息，所以用户的视线不会有过多停留。Pocket 网站的设计者设计了浏览路径，让其同用户实际使用中的浏览路径相同。用户在浏览第 1、第 2 区域之后，视线最终会停留在"登录"按钮上。

3.2 YOUTUBE

另一个很好的例子就是 YouTube 页面，这个页面很好地遵循了上文提到的设计准则。

▍YouTube 的视频播放页面

　　"视频画面"从第一区域延伸到第二区域。用户的眼睛被"视频画面"引导到右侧视频列表部分。"水平力"影响着用户，所以用户无法控制自己的视线移动。

▍将 YouTube 页面分为四块

当用户将注意力移动到 YouTube 提供的视频列表上时，在"垂直力"的作用下，用户开始从上到下浏览它们，这将直接引导用户的注意力从第二区域转移到第四区域，然后用户开始看第二个视频，循环往复……

这正是 YouTube 想要用户去做的。

3.3   注意！不要太依赖这个指南

在本章中，我们将页面均分成了四等份，但是在设计中，大多数情况下是不允许"均分"发生的。如果页面不是均分，这些规则也将会随之改变。在之后的几章我们将会讨论这一问题。

第 4 章　合理摆放元素

4.1　使用方块定义布局

设计布局通常是从一个个的方块开始的。在良好的设计工作流程中,定义元素在布局中的位置是极其重要的。例如,你可以用一个白板来代表屏幕,然后把它们分为几个方块。每一个方块代表着一个特定的角色:一个图片、一个文本域、一个表格或者你想要的其他元素。

你的布局需要以这个框架为基准进行设计。

时刻记住,我们的目的是引导用户浏览屏幕,并且使用屏幕上的内容。当然,要做到这一点,在于如何正确摆放屏幕上的元素。

4.1.1　用框架来定义视觉流

假设我们现在需要设计一个带有顶部菜单栏的页面,用内部的区域来显示主要内容。我设计了如下的结构,只是把框架定义出来,没做过多的事情。我们来瞧瞧这有趣的部分⋯⋯

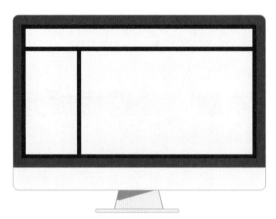

▌一个只有基础框架的布局

4.1.2　测试你的布局结构

令人惊讶的是，我刚刚创建的这个简单框架正好可以引导用户浏览整个页面。接下来，你可以找几个人来测试一下：你告诉他们这个网站是用中文[1]写的，然后让他们按照顺序罗列出看到的元素。

他们的答案应该是这样的吧？不要惊讶哟~

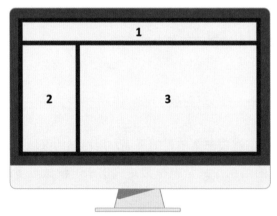

▌这应该是你的答案

---

1 文字的方向将会决定"水平的力"——译者注。

4.2 两个"力"已经在起作用了

还记得之前说的那两种"力"吗？用户看到网页之后，从左上角开始浏览，也就是说先看到第一块。离第一块最近的就是第二块了，因为它们的水平位置都是一致的，但是第二块垂直方向上的位置要低一些（"古腾堡之力"在这里起作用了）。你看到第二块之后，很自然地你就会去看第三块（文字的阅读顺序在这里就产生了）。

很简单吧！通过正确地摆放元素可以定义用户的浏览路径。

假如想让用户一开始就在垂直方向浏览页面，然后再浏览右侧的内容，该怎么做呢？很简单，如下的布局就可以解决这个问题。

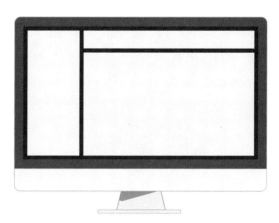

通过调整布局来改变用户的浏览顺序

你可以先问问你身边的人，让他们给你的布局来标号，同时，你要告诉他们，这个布局的文字方向是从左到右的。他们的答案一定是这样的：左侧的那一块被标记为1，然后上方的那块被标记为2，右下方的那一大块被标记为3。虽说看起来布局改变得不是很大，但是你已经开始影响用户的浏览顺序了。

4.3 "魔法"的神秘面纱已经揭开

当你对界面进行细微的改变时，用户的体验可能就会完全被改变。

最重要的是，用户的浏览方式会随着你设计的改变而改变，你要明白这股力量有多么的强大。

4.3.1 一个小测验

如果想确定你的布局设计是否会影响用户浏览页面的方式，你可以进行一些简单的测试：画一个布局，打印出来几份，然后让一些人在上面标号，看看他们的浏览顺序是不是和你预想的一致，如果一致，你做出的设计就是合理的。

4.3.2 如何处理一些复杂的布局

如果你已经掌握了上文所述的技巧，那么解决一些复杂的布局就比较容易了。

来看下面这个布局：先试着标注你所看到的元素顺序。再问问其他人，你就会发现以上提到的那些规律已经起作用了。

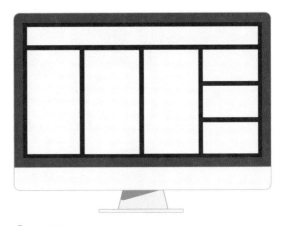

标号测试

4.4 本章所提到的技巧

── 设计技巧 5 ──

通过方块元素的摆放位置可以来定义浏览路径。

第 5 章　协助用户进行决策

5.1　认知过程初探

我之前提到过认知过程，人们的认知过程通常是从不同场景中获取不同信息开始的。一般来讲，我们大脑中 95% 的信息都是由眼睛提供的。

当我们和网页进行交互的时候，流入大脑的信息会经过一个类似过滤器的东西，到最后这些信息（由眼睛提供的）就只剩下原来的 5% 了。

这些信息是大脑通过认知过程来进行处理的。另外，当大脑在一些兴趣点停下时，会决定接下来要做什么，这些决定的过程可能会通过一些行为来结束，比如与人交谈、将手放在键盘上、移动鼠标或者做出一个手势等。

5.2　理解用户如何做决定

设计师的第一要务是了解用户在做每一步操作前是如何思考的。接下来我会用一个例子来告诉你，用户到底是如何做决定的，如何处理页面布局才是最合理的。

Sheena Iyengar 在 20 世纪 90 年代的时候做了一个著名的"果酱试验",这个试验对社会营销界产生了极大的影响。这个试验正是为了研究"选项"和"选择"之间的关系。

5.2.1　果酱试验的第一步

在一个杂货店里摆出了 6 种果酱,每一种果酱都可以让顾客任意品尝。研究员们对顾客选择品尝的果酱进行记录。

本次试验的数据:30%的人停下来进行试吃,最终进行购买的人数占据试吃人数 30%。

5.2.2　果酱试验的第二步

在第二次试验中,我们把 6 种果酱增加到了 24 种。选项的增加吸引了更多人的关注。

本次试验的数据:40% 的人会停下来进行试吃,出乎意料的是其中仅有 3%的人会选购一款果酱。

5.2.3　那么这说明了什么

这个调查的结果说明:提供六种选项时,可以使顾客更容易做出决定;提供 24 种选项时,在激起顾客的好奇心吸引更多人的同时,也会使顾客更难做出决定。

5.2.4　Hick法则

William Edmund Hick 和他的同事 Ray Hyman 做过的一项研究表明，人们做每一项决定消耗的时间和面对选项的数量是有关系的。抛开复杂的理论不谈，简而言之，当人们面对的选择越多的时候，就越难做决定。这个理论可以追溯至 20 世纪 50 年代。

5.2.5　选择的矛盾性

2004 年，一位美国的心理学家 Barry Schwartz 提出了选择矛盾性的概念。该概念指出，当我们面临着大量选项的时候，我们通常会选择"不选择"。

5.2.6　果酱试验的第三步

果酱试验并没有就此停止。试验团队对被测试者做选择时的心理活动很感兴趣，于是他们略微地调整了该试验——将果酱换成了巧克力果仁糖。和以前一样，试验时被测试者可以品尝两种糖果，同时被测试者可以免费带走一款糖果。

本次试验和之前果酱试验的思路是一样的——试验组使用 6 种糖果，对照组使用 24 种糖果。当然，由于糖果是免费提供的，本次试验每个人都选择了一款糖果。

在小店的外面，测试团队准备了一个调查问卷，用于调查被测试者对自己选择的满意度。调查的结果是，6 种糖果的那一组要比 24 种糖果的满意度高，因为 24 种糖果组的被测者遗憾自己错过了 23 种可能会更美味的糖果。

本次试验的第三步揭示了我们处理"选择"的方式。另外事实表明，当我们面临大量选项时就会花更多时间进行选择，并且我们很可能会陷入抗拒选择的陷阱（"选择"或者"不选择"）。也就是说，我们从一个特别长的列表中做选择的时候，我们更倾向于"后悔我们做出的选择"。

5.2.7　幸亏我们有Miller

了解了做决定时的种种限制，我们需要找到一个合适的选项数量，以帮助用户进行高效的选择。George A. Miller 等人在 20 世纪 50 年代创建了认知心理学，从不同方面研究了人们的认知过程。比如人们短期和长期的记忆、人们从记忆中获取信息的方式等。

在研究中，Miller 发现了人的认知过程是有限的，而且在面对大量元素的时候，心里会感到痛苦。Miller 提出，5±2 个元素刚好符合我们的选择方式。也就是说，Miller 法则表明 3 ～ 7 个选项是让人们做出高效选择的最佳数量。

5.3　用户决策的四项原则

解释用户决策规律的试验有很多（比如本章讲的"果酱试验"）。不管怎样，用户决策都可以用以下四项原则来说明。

1. 给出的选项越多，用户决策的时间就越长。

2. 如果给用户的选项过多，那用户会"不选择"。

3. 如果选项过多，我们会觉得做出的选择很糟糕。

4. 3～7 个选项可以引导用户进行有效的选择。

5.3.1　上述这些是如何影响设计的？

观察下面这个布局（该布局之前已经讲过）。抛开布局细节来讲，它看上去应该不会太复杂吧？

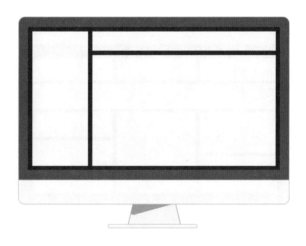

复杂度测试布局 #1

那么，下面这个布局呢？

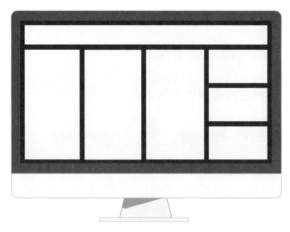

复杂度测试布局 #2

上面这个布局看起来稍微复杂一些，但是仍然是可以接受的。我们再来看看下面的这个布局。

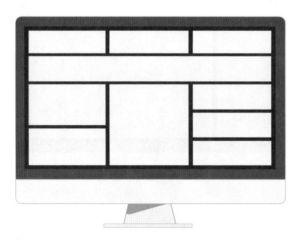

复杂度测试布局 #3

我的天呐，这个布局简直让人抓狂。尽管这是一个没有填充内容的布局，我们还是会觉得这个布局很凌乱。

5.3.2　布局的复杂程度在设计的初期已经定义好了

观察上面的例子，我们不难发现，一个布局是否混乱，在布局设计的初期就能看出来。那么，决定布局是否混乱的因素是什么呢？没错，就是页面上元素的数量。3 个元素很简单，7 个元素看上去也还行，但是如果页面上有 10 个元素那就太多了。这正是 Miller 所提到的理论。

5.3.3　复杂页面的处理方式

有时候布局上元素的数量并不是我们可以决定的。如果我们一定要在页面上显示很多元素，那么我们可以使用层级化布局。

在布局中，我们不要把元素分割为很多的小块，我们可以在布局上划出来3 ～ 7 个基础的元素，然后在这些基础元素的内部再细分出小的元素。

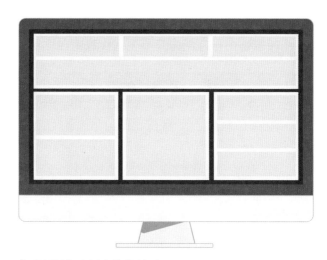

▌使用层级布局来简化界面

在上面的这个例子中，元素的数量并没有改变，但是我把这些元素放到了不同的层级中，这样的布局看起来就没那么复杂。

5.4　本章所提到的技巧

———————— 设计技巧 6 ————————

过多的选项会导致用户难以做出有效的决定或者直接"不选择"。

———————— 设计技巧 7 ————————

3 ~ 7 个选项会让用户做出有效的选择。

———————— 设计技巧 8 ————————

在用方块布局时就可以感知布局的复杂度。

第 6 章　隐式指令控制

6.1　格式塔（Gestalt）的世界

Christian von Ehrenfels 是一位奥地利的哲学家，也是格式塔心理学的创始人之一。格式塔（Gestalt）理论是一个基本的、广泛的理论，它体现在人们行为的方方面面。"格式塔"在设计中被广泛应用。在本章中，我会突出重点，使之尽可能地实用。当然，我也极力推荐你去了解一下与"格式塔"相关的资料。

Gestalt（格式塔）在德语中意为"图形"或者"形状"。在格式塔中，我们假定人们对当前事物的观察是基于对简单事物已有的记忆。

6.1.1　这是什么？

举个最典型的格式塔的例子。请描述以下图形。

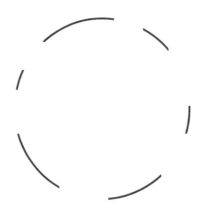

▌理解格式塔——这个图形是什么？

我想，你应该会将这个图案描述为"由曲线组成的圆"。而不是描述它为
"六条曲线"吧。为什么会这样呢？难道是有什么暗示吗？这六条曲线是
通过什么进行连接的呢？正是"格式塔"的作用。对于这幅图片，你的大
脑更容易将它处理成一个完整的"圆形"，而不是一条条分隔开的曲线，
这就是格式塔理论——我们在处理图形时总会将其看作一个简单的整体。

我们来看另一个例子。

▌理解格式塔——一个比较有趣的例子

这次你可能会认为格式塔理论不靠谱吧？你一定没有将这个图形看成一

个整体，相反地，你把它们分成了三个更简单的图形：三角形、圆形和长方形，这就是格式塔理论的另一种体现——我们的大脑总是会将复杂的图形处理成比较简单的图形。该理论在处理复杂图形时会用得到。

6.1.2　格式塔规则引导着我们

关于格式塔的例子有很多，作为设计师，我们并不想被其控制，相反地，我们可以利用它来引导用户。

这正是格式塔厉害的地方：我们已经知道人们看到图形时大脑会有一个思考的过程，利用这一过程，我们可以对布局进行优化，引导用户进行浏览。

6.1.3　接近原则（Proximity）

接近原则是格式塔原则之一。接近原则告诉我们，元素之间的距离会影响人们对页面元素的认识。

我们来观察下面这组元素，它们看起来比较混乱。

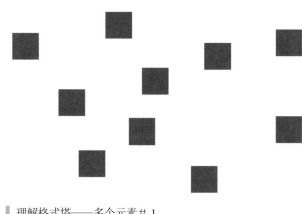

理解格式塔——多个元素＃1

再观察另一组元素。

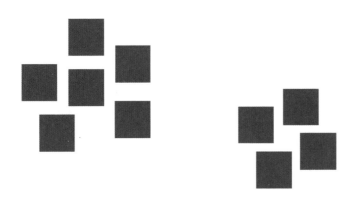

▍理解格式塔——多个元素＃2

当你看到上面这幅图，你会自动将其中的元素进行分组，左边 6 个一组，右边 4 个一组，而你根本无法控制这种行为。

6.1.4　为什么会进行分组?

这正是接近原则在起作用。实际上，这两组的内部元素间距都是相等的，并且两组之间的距离较大，这就是我们将这些元素分为两组的原因。

同时，你可能会认为，左右两组元素是没有信息交互的。试想下，在生活中当你看到离你很远的一群人在交谈的时候，你也会认为你不属于那个群体。

6.1.5　在布局中使用"格式塔"

下面这个简单的例子阐述了接近原则是如何使用的。

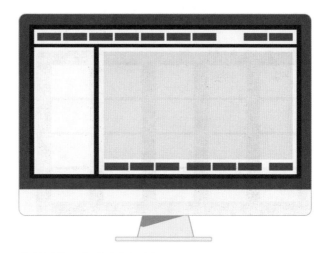

| 使用接近度原则进行分组

观察顶部的导航栏，你可能会认为左侧的一系列按钮负责一项功能，右侧的按钮负责另一项功能。所以说，当你将按钮分组之后，用户需要处理的就不是"9 个按钮"，而是"2 组按钮"了。如果这时，用户需要使用左侧的按钮，他只需关注左侧的"7 个按钮"即可。

同样地，页面下方的这行按钮也进行了分组处理，前面两组分别代表不同的功能，最后一个按钮的功能可能是保存、退出或者取消。

上面这个例子刚好运用了我们前面介绍的"Miller 定理"，并使用了"层级化"的相关规则。

6.1.6　格式塔的另一个例子

来看看下面这个布局，你该如何用语言来描述呢？

你可能会说：这个布局有 5 列，每一列有 4 个格子，对吧？格式塔的接近原则会让你将这些格子划分为不同的列，你也可以试着对这个布局的每个元素进行标号，来测试不同用户浏览的顺序。

用语言描述一下这个布局 #1

用户的答案应该是这样的：左上角的方格标记为 #1，由于 #1 离下方方格比较近，所以"垂直的"向下标号分别为 #2、#3、#4。在标记了第一列后，我们会看向第二列，并从 #5 开始标号。

但是如果布局变成这样呢？

用语言描述一下你看到的东西 #2

这次结果不一样了吧？左上角的那个方块的标号仍然是＃1，但是由于每一行之间的距离变大了，标记为＃2的方块应该在同行的第二个，而不是第一列的第二个。

6.2 大多数设计师存在的问题

很多设计师都喜欢"一致性"。通常，设计师希望所有的元素都是对齐的，并且每一个元素的水平间距和垂直间距相等。好，假如我们真的这么做了，会发生什么呢？

下面这个布局没有用"Miller法则"，也没有用格式塔的相关法则，所以这个布局无法引导用户浏览，你也无法预测用户如何浏览页面。当然，用户自己也不知道。

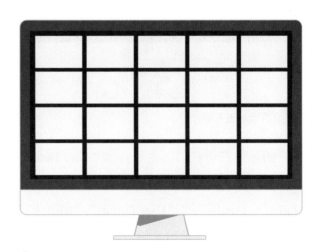

▎当界面中所有元素的间距都一样的情况

还记得当我们面对众多选择时会发生什么吗？那就是什么都不选择，这就是一种不好的交互。

6.3　把隐式指令应用到表单设计中

上面提到的所有规则都属于隐式指令的范畴。

当隐式指令运用到表单设计中的时候，其实道理是一样的。

符合直觉的表单设计

用户的习惯告诉我们，他们会从"User Details"开始填写表单，但是之后我们的注意力应该移动到哪里呢？我们并不知道。"Shipping Details"、"Payment Details"与"User Details"的间距都差不多，对于我们来说，预测用户的行为是非常困难的。如果他们属于"高级用户"，那么在他填完"User Details"的最后一个字段时可能会敲击键盘上的"TAB"键，然后光标会跳到下一个区域，用户的眼睛也会转移到下一个区域。然而是哪个区域呢？没人能猜得到。

6.4 接近原则的力量

接近原则有很多不同的用法。我们可以使用户的眼睛很自然地向右移动到"shipping details"，或者向下移动到"payment details"。使用格式塔规则，我们更容易控制元素的位置，并使布局尽可能美观。也许一些设计者会在模块上标记数字来引导用户的下一步操作，但是这种设计是不提倡的。

6.5 本章所提到的技巧

―――――――――――― 设计技巧 9 ――――――――――――

元素之间的间距可以引导用户的眼睛。

第 7 章 让页面易于浏览

本章你将了解到：

1. 人们如何浏览页面。

2. 7 秒规则如何影响用户。

3. 如何使用标签协助浏览。

7.1 从 T.M.I 到 TL;DR[1]

十几年前我们处在信息爆炸的时代。因为有了互联网，我们接收的信息太多，以致于无法及时处理。

直到近几年，我们才意识到这几乎是个不可能解决的问题，于是我们选择性忽略一些信息。对于一个 80 后而言，可能给作者这样的反馈："你写这么多，不会真的指望我全部读完吧？"或者，"如果你想让我全部读完，就写短点！"

7.1.1 我们不应该读

回顾历史，就会发现，印刷变革以来，阅读和书写进入公众的视野不过

---

1 Too-long-didn't-read. ——译者注。

才 600 多年。而从认知上来说，阅读和书写也是很费时费力的一件事。

观察一个孩子的成长过程，你会发现他们在出生几个月后就能够简单交流了，而在第二年就可以走路。然而，阅读和书写因为需要一些高级技巧，孩子们通常到了五六岁才开始学习文字。

认知学的研究表明，人类大脑处理文字信息所需要的时间大约是处理可视化信息的 6 万倍甚至更多。

因此有人说，我们其实不应该阅读和书写，这不是我们与生俱来的本领。也有人说，当科技发展到一定程度时，我们可以依赖其他更有效的沟通方式，就不再需要阅读和书写了。

7.1.2　我们不想阅读

阅读是不可避免的，我们的底线是尽可能地不"阅读"，或者尽可能地少"阅读"。

Web 易用性大师 Jakob Nielsen 说：所有人都希望他们在一个"进来，拿走，出去[1]"的交互中。

作为设计师，我们的职责是：让我们的用户尽可能快地发现他们感兴趣的内容，而尽可能少地阅读他们不关心的内容。

7.2　基本的阅读模式

为了理解用户浏览页面的方式，我们必须从基础开始。我们阅读的基本方

1　Get in, get it and get out!

法是基于一个叫做"Z 模式"的家伙。

当然，这其实没什么大不了的。你从左到右，读完一行之后切换到下一行。通常来说，我们习惯这样阅读，不管是书本还是屏幕。

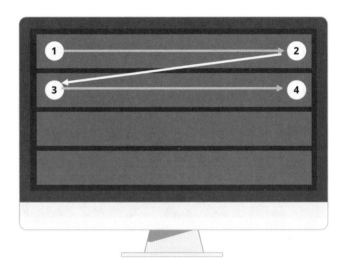

▌基于 Z- 模式浏览布局

节省时间的Z模式

然而，数字设计与出版物设计的不同之处在于屏幕要比书本宽得多，这使得从屏幕的一侧水平阅读到另一侧成为一个很大的挑战。稍后我们再处理这个问题。

最主要的问题就是，用户对数字交互的注意力跨度远低于阅读书本的时候，并且目的和语境也完全不同。

当你在阅读一本书的时候，你会对所有的内容感兴趣，并且有时间和意愿去读每一个字。然而，当浏览网页时，你更倾向于搜索特定的内容，没有时间和动力阅读海量的信息，还记得前面提到的"懒得读"吗？

因此，当浏览页面时，我们采用一个简短的 Z 模式版本——F 模式。来看下这个眼球追踪热力图，它表明人们不会完整地阅读呈现在眼前的内容，我们总是先读标题，然后是主内容，当然，也会捎带读到一些不重要的信息。

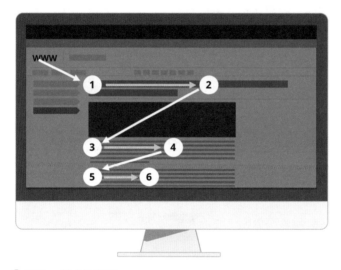

▌基于 F 模式的阅读

只有当我们发现了感兴趣的内容才会继续阅读。假如在第一段中没有找到期望的内容，就会很快跳到下一个段落，然后快速浏览本段，再跳到下一段。要知道，随着我们浏览速度的加快，我们的耐心也会随之减少，愿意花费在每个段落的时间就越少，甚至于在浏览 2、3 个段落之后干脆就停止了。

7.3　让一切更简单

在设计页面结构时，我们要知道，比起仔细查看页面，人们更愿意浏览。我们可以通过以下三个原则来辅助浏览。

给每个段落赋予一个简明的标签。比如一小段大字体，加粗，变色等，它会提供更简洁直观的信息。

在不同的段落间建立好的视觉分离，让人们的视线更易于在页面间跳转。

先放置重要的且相关性高的内容，然后是次要的。我们不想用户失去耐心，离开页面，最终错过重要的信息，而导致这一切的原因只是我们将有用的信息放在了最下面。

7.3.1　7秒原则

研究表明，用户从登录页面的那一刻，到他决定离开还是继续深入阅读，最多只需 7 秒钟。这意味着我们必须认真规划布局，给用户明确的引导，告诉用户哪些内容值得他留下来。

对于检测页面的"可浏览性"来说，7 秒原则是一个不错的选择。这一原则不仅适用于网页和广告宣传页，也可以应用于用户使用频繁的页面上。7 秒原则能够反映出元素是否被合理放置，并引导用户浏览且快速找到正确的位置。

让我们来看看下面这个屏幕吧！花 7 秒的时间理解下它想告诉你什么呢？

你认为我在开玩笑吗？不，当然不是。这个页面是从我的客户那里复制过来的。这个公司客户服务中心的上百个客服专员每天都在使用它。

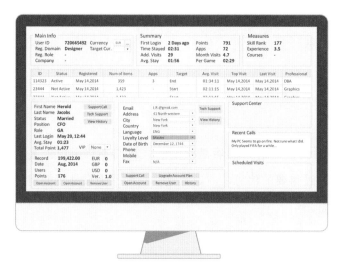

一个专业的服务网站

如果盯着它看 7 秒，或许你会关注一些特定的区域，但并不能立刻了解这个页面想要展示什么。

7.3.2 标签

标签是页面设计的最佳实践之一。原因很简单：为了能够更好地浏览页面，并让用户在 7 秒之内理解，我们需要创建层级结构，并且允许一些元素在页面上凸显出来。我们可以通过给布局中的元素加上标签来实现这一目的。这应该是改进一个糟糕的结构最直接有效的方法了。

再来看一下这个页面。我并没有改变任何内容，只是在不同的区域增加了一些标签。我只要确保这些标签足够显眼，并且能够和页面的其他内容产生强烈的反差就够了。现在再花 7 秒时间浏览这个页面，你会发现很容易找到自己感兴趣的内容。

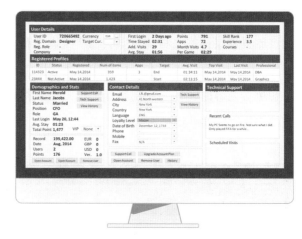

▌正确使用标签

我作弊了

事实上，在这个页面中不只使用了标签。如果只加标签，屏幕上就会有 11 个标签，那标签就太多了！我想 Miller 不会允许的，对吧？

如果给页面上所有区域都加上标签，我会直接掉进太多元素的陷阱中去。噢，它看起来是这样的。

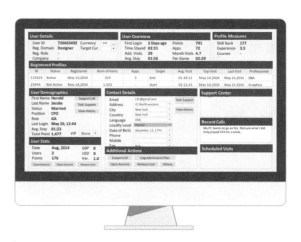

▌过度使用标签

标签层级化

通过放置顶层标签且将数量限制在 7 个，使布局符合 7 秒原则以及通常的浏览方式。现在我需要在主区域中加入一些二级标签。这样，当用户想要了解更多内容时，他会从层级化的标签中获得一些必要信息，从而了解对应的模块中能够获得什么样的内容。

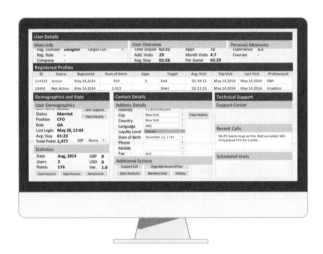

▎层级化标签

需要注意的是，二级标签不能过于显眼，而是在需要详细了解各模块时才发挥作用。

7.4 本章提到的技巧

— 设计技巧 10 —

有效阅读和吸引阅读是两回事，我们要努力让内容更有吸引力，才能让用户愿意阅读下去。

—————————— 设计技巧 11 ——————————

仔细阅读和浏览基于 Z 模式。

—————————— 设计技巧 12 ——————————

用户浏览网页基于 F 模式。

—————————— 设计技巧 13 ——————————

7 秒足以辨认屏幕内容。

—————————— 设计技巧 14 ——————————

使用标签让页面易于浏览。

第 8 章　黄金分割与留白

本章你将了解到：

1. 达·芬奇发现了什么。

2. 如何在界面设计中使用"三分法"。

3. 如何使用留白并创建移动的感觉。

8.1　黄金分割

达·芬奇生活在 15 世纪，但他的发现对设计领域至今还有着很大的影响。达·芬奇从未潜心去探索世界，他只是通过不断地调查去寻找事物背后的原理。

他对人体的结构及其构造原理尤其感兴趣，为了了解人体结构，达·芬奇曾经偷偷对一些尸体进行解剖。现在的设计师可能已经不具备这种技能了吧，所以我们需要借鉴达·芬奇的成果及理论。

在人体解剖的调研过程中，达·芬奇发现了一个不断重复的比率——黄金分割。所谓的"黄金分割"证明了身体不同部位的相互关联，且与各种自然现象吻合。黄金分割使用希腊字母 φ(phi) 表示，其公式如下：

$$\phi = \frac{(1+\sqrt{5})}{2} = 1.61803398875$$

黄金分割定律在向日葵的花盘上可以很好体现。向日葵葵花种子边缘到向日葵花瓣的距离（A）与向日葵花心到葵花种子边缘的距离（B）之比恰好就是一个黄金比例，如下图。

A/B=1.618

黄金分割理论已经很成熟了，最容易记忆的方法就是"三分法"——花瓣的长度占花盘半径的 2/3，内部葵花种子的半径占花盘半径的 1/3。

数码摄影中的三分法

"三分法"在摄影中也被广泛使用。数码相机和智能手机上的相机一般都会在取景器上显示 9 宫格。不了解 9 宫格作用的人会感觉很碍事，于是通过设置将其隐藏。

一般来说，人们都喜欢将摄影主体放在屏幕的正中间——这是凭直觉所做的事。但是这样拍出来的照片，往往都会比较呆板、无趣，就像下面这个图片。

▌一幅单调的电话照片

你看到的是一个老式电话，它并不会让你感到新奇。但是，如果你按照黄金分割的规律，将屏幕在横向和纵向进行三等分，然后把拍摄主体放在任何一个交叉点，此时照片就会变得生动有趣。

▌一幅有新意的电话照片

同样的电话，同样的背景，仅仅是换了位置感觉就不一样了。电话已经不仅仅是一个简单的物体，而是一个在未知情形下能够激发我们思维与想象的角色。此外，这幅照片还给人一种视觉上移动的感觉。这样的效果只因把物体放在了合适的位置上。

▎基于黄金分割放置的物体

虽然我不知道为什么，但这样真的很有效。如果用这种思维去看专业摄影师的作品，你会惊奇地发现摄影师们都应用了这个法则。

8.2　留白

在了解黄金分割在 WEB 设计中的意义之前，我想先说另外一个话题："留白"。留白是指在一个特定的区域内有意留下相应的空白。上面的第二幅图片中，我们会发现电话的周围都做了留白处理，因为你除了背景没有看到任何东西。

留白是设计师的另一个秘密武器。虽然留白看起来不是有意而为，但我们仍需认真规划留白的位置，让它的优点发挥到极致。

留白的神奇之处在于它凸显了主体内容，也可以让复杂的事情看起来更简单。如果你的屏幕上有一个复杂且细节性很强的区域，而你又不想重新设计，那么最简单的方法就是做留白处理。

此外，留白还能给人一种动态的感觉。就像下图的飞机照片，机尾的留白使飞机呈现飞行状态。

▍留白呈现出来的动态效果

8.2.1　完美结合

黄金分割搭配留白会让设计效果更出色。如果你仔细观察，就会注意到飞机后面的留白刚好占了整个画面的 1/3，飞机本身占图片的 2/3。这是巧合吗？当然不是。

世界上最具影响力的设计师扬·奇肖尔德曾说过，留白应被当作一个动态的元素，而不是一个简单的背景。

▍应用了黄金分割法则和留白的飞机照片

8.2.2　留白和潜意识

其实，留白除了让页面看起来流畅和简单，还有很多用处，它本身就是一种信息的载体。留白最经典的例子就是联邦快递的 logo。

▍FedEx 标志及中间隐藏的惊喜

有经验的设计师都会认同这个史上最具智慧的 logo。当刻意地去看在这个 logo 中的留白时，你会很快发现由 E 和 X 构成的白色箭头，它很好地诠释了联邦快递公司的宗旨——就是将货物从一个地方运到另外一个地方。

如果你到现在还没看到那个箭头，说明你潜意识忽略了它。那么，当我们告诉你这个 logo 中的箭头时，你将无法忘记它。从现在开始，无论在哪里看到联邦快递的卡车，你总会下意识地寻找上面的箭头并告诉你身边的人。这也是一个将留白使用到市场推广中的例子。

8.3　黄金分割与界面设计

这些规则在网站设计中也是同样适用的。苹果公司首页的设计就很好的运用了三分法。

▍iPhone6 的主页

产品名称刚好放在了第一根纵线的中间，同时右侧的手机放在了第二根纵线上。当你从左往右浏览页面时，你第一眼看到的就是产品名称，空白的背景以及所处位置也在强调着"iPhone 6"的重要性。

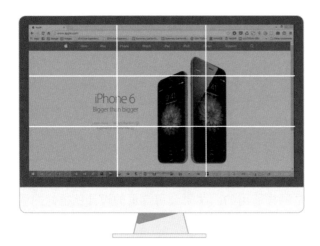

▌ 放在三分线上的主要页面元素

永远不要平分

在考虑分割比率时，一定不要将你的页面在水平方向分成两块相等的区域。如果真这么做了，你实际上是在告诉浏览页面的人，左眼看左半部分，右眼看右半部分。这样就导致用户需要不断地回顾另外一边，而人脑很难轻松地在两部分进行选择，最终的结果就是"不选择"。

▌ 视觉迷失在左右均分的界面上

参照达·芬奇的黄金分割法则和三分法可以让所有的事情水到渠成。作为一个设计师，你最需要的就是让用户的浏览路线按照你的设计走下去，而其中的一个方法就是将正文区域分成非对称的几个部分。

▌使用非对称来实现动态层次感

把一个物体放在较小的区域并不会影响它的重要性，最终的设计、颜色和元素内放置的内容才会决定哪个区域会得到更多的关注。如果用 1/3 或者 2/3 的分割方法来表现视觉流，就可以让用户按照设计师的意图去浏览而不至于难以抉择（就像对称设计造成的结果一样）。

8.4　回到之前的内容布局指南

还记得我在第 3 章时说要再回来讨论吗？现在你该知道为什么我们不能把屏幕简单地分成相等的四部分了吧。这样造成的结果就是对称的两部分的重要程度相当。

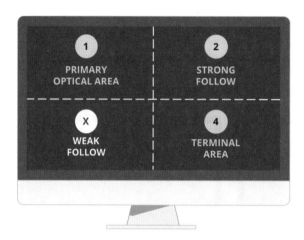

▋内容布局指南

基于以上的理论，我们之前提到的布局指引就过于简单了，我们需要一个更好的方法来验证它。回头看看 YouTube 网站，我们就会发现它并没有使用四等分法。

▋YouTube 的视频页

如果仔细看这个页面，你就会发现，主体部分被分割为两个不相等的区域。你能猜到他们的比例是多少吗？

▍YouTube 的黄金分割设计

再回到 YouTube 的页面，我们之前提到过，第三区域（弱视觉区）不能放置重要内容，否则会分散用户的注意力，于是我们给它一个合理的名字：留白。

8.5　本章提到的技巧

―――――― 设计技巧 15 ――――――

黄金分割结合三分法会让页面看起来更酷炫。

―――――― 设计技巧 16 ――――――

应该用心设计留白元素。

——————————————————— 设计技巧 17 ———————————————————

不要使用对称设计。

——————————————————— 设计技巧 18 ———————————————————

使用非对称布局可引导用户浏览。

第 9 章　合理利用屏幕

本章你将了解到：

1. 怎样合理选择布局的宽度和高度。

2. 怎样的布局更易于阅读。

3. 怎样的布局更具空间感。

9.1　横向屏幕的合理布局

通常情况下，很少有设计师会对一个正方形的屏幕进行布局设计（除非像是 Apple Watch 这样的设备）。假设我们在做一个横向屏幕的布局设计，如电视、台式电脑、笔记本电脑或者一个横向放置的平板电脑等，这些设备的屏幕宽度一般大于高度，这一点将会影响到我们的布局设计。在设计过程中，我们要考虑屏幕显示的内容以及用户的意图，然后选择一个适当的坐标轴来呈现内容。

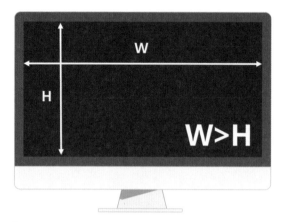

水平屏幕的宽度和高度

9.2　适合阅读的布局

将文本内容铺满整个屏幕是人们常犯的错误，这使用户不得不从屏幕的最左边读到末尾。但我们都知道，互联网用户不喜欢一次性阅读太多的内容，所以这种文本布局方式只会让用户失去耐心，从而无法达到预期目的。

我们看一下 Wikipedia 网站的截图，满屏幕的文本会让用户的眼睛感到疲劳，甚至会放弃阅读。

Wikipedia 网站

9.2.1 有效地阅读vs.惬意地阅读

我们在阅读书籍的时候需要有效地获取信息，少于100字的文本可以实现这一目标。所以，在书籍中，可以通过控制文本的长度来提高读者获取信息的效率。

然而，在网页或者手机界面上，有效阅读就显得不那么重要了。在网页上，用户难以像阅读书籍一样长时间集中注意力。所以在设计网页时，我们需要引导用户快速找到他们想要的内容，较少的文字可以让他们感觉更舒服，并愿意停留更长时间。和有效阅读不同，当一行内容含有45～75个字符时才会让人感到舒服，内容较短的行会使用户更愿意长时间停留，并与你的产品进行交互。

如果你的网站要凸显的是文本部分，那么你就需要遵循后边的规则。回想一下你见过的博客类网站，它们常常是在页面中间区域使用相对较窄的列来展示文本内容，再如报纸，也使用了同样的方法，让文本更简洁，更易阅读。

将屏幕布局分成三列

9.2.2　阅读 vs. 呼吸

窄列布局会给人一种空间局促感，如果页面的主体不是文字，就应该避免使用。人们更习惯从水平方向观察一件事物，因而水平布局会带给用户更好的空间感。

与窄列布局的效果恰恰相反，如果布局中有一个水平元素从一侧贯穿到另外一侧，则会给人营造出一种持续的、无限的甚至是自由的感觉。

水平元素

9.3　本章提到的技巧

―――――――――――――――――――　设计技巧 19 ―――――――

铺满屏幕的文字不易于阅读。

―――――――――――――――――――　设计技巧 20 ―――――――

贯穿屏幕的元素会让用户感觉身心舒畅。

第 10 章　使用栅格辅助布局

本章你将了解到：

1. 如何使布局保持一致。

2. 如何使用栅格辅助元素布局。

3. 如何正确使用静态和动态栅格。

10.1　不一致性带来的恶果

在一些网站中，不同页面的结构是不一样的，这样的设计会使用户感到杂乱并失去耐心，这也会让产品看起来很不专业。一般来说，用户无法准确指出页面上存在的问题，我们也很难发现。该问题的出现会使我们产生心理学中所说的"认知超负荷"，我们很快会感到乏累并失去耐心，并且需要投入更多的精力寻找页面上我们感兴趣的内容，这样的产品是不讨人喜欢的。

不同页面的开发者不同，或者开发者缺乏对一致性的认识，都会导致页面之间产生差异。一致性的重要性不仅体现在不同组件中，还体现在同一个产品的不同页面中。

10.2　一致性布局背后的秘密

使用栅格布局法可以提升页面之间的一致性。相较于元素的随意摆放，栅格布局的效果会更好。我们可以基于栅格放置页面元素，保持元素整齐一致。

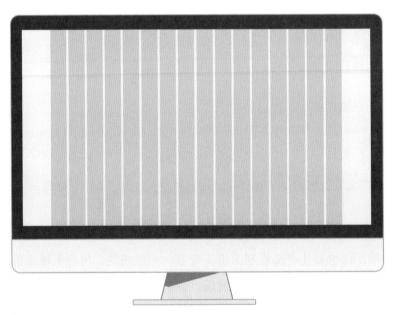

▌栅格布局系统

大多数设计师使用的是由垂直矩形构成的栅格布局。在经典的网页设计中，栅格布局被放置在屏幕的中心，以支持不同的屏幕分辨率。

最常见的网格系统是将页面分为 12 份或者 16 份，网格的数目会影响页面内容的密度，每一种方式都有它们各自的优缺点。例如，要遵循"三分法则"，我们就需要将页面划分为 12 份。

然而，对于专业网站来说，当其布局采用左对齐的垂直菜单时，菜单栏占屏幕的 1/3 是没有任何意义的。所以我们需要将屏幕分为 16 份，1/4 用于菜单，其余部分用于显示主要内容。在这种情况下，剩余的 3/4 又是 12 份，因此我们就可以使用三分法则啦。

▎12 网格系统 和 16 网格系统

10.3　网格的空间控制系统

栅格系统中的间距，我们称它为"沟"。它的宽度决定了页面上元素的密度。沟越宽，空间感越强，页面看上去越简单，越易于使用。虽然这只是一个小小的改变，但会给页面的整体布局带来显著的效果。

10.4　静态元素和动态元素

设计布局时，建议你使用某种形式的栅格（12 份或者 16 份），这样从一开始就可以合理安排元素的位置和大小。

在网站第一个页面的框架准备好时，我们发现它是由静态元素和动态元素组成的。静态元素遍布产品的各个页面，如菜单栏、页眉和页脚，通常它们在每个页面中的样式都是一致的，我们也不想随便改变它们的样式。和静态元素不同，动态元素会随着页面功能的变化而变化。

如果不使用栅格，我们需要给每一个页面都设计一个布局，布局过多会让我们的设计工作变得混乱——这也正是栅格的方便之处。

10.5　寻找一致的栅格模型

这个过程是这样的：

从一个具体的功能开始设计页面，直到符合我们的需求。

然后，设计另一个功能完全不同的页面。将静态元素放在同一个地方，在此基础上完成这个页面的剩余部分。

虽然我们已经完成了两个功能的布局，但工作还未完成，我们需要比对两个布局，找到二者一致的部分，并将它们放置在同一个栅格中，工作才算完成。

注意，设计没必要完全一样，只要能被放置在一致的网格下即可。如下面的布局形式。

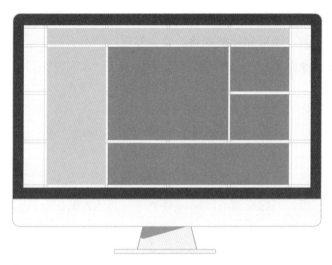

▌动态元素和静态元素

假设这是我们的第一个布局，我们可以看到一个"16 份的栅格系统"，它包含两个静态元素：顶部的主菜单和侧边的二级菜单。剩余的部分是 4 个不同的内容区域。再来看下面的几组布局。

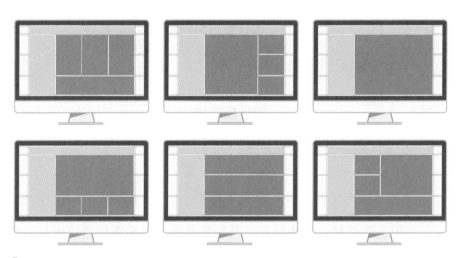

▌基于相同栅格系统的布局

我们注意到，所有的布局都包含静态元素，但是它们的主要内容是完全不同的。如果你仔细观察，就会发现，所有布局中一致的部分都是放在同一组栅格中的。

我们可以轻易改变这些元素的大小和位置，这些改变不会轻易被人察觉，但还是会使用户感到不舒服，甚至会对我们的产品形象造成不好的影响。

找到一个合适的栅格并非易事，这是设计最艰难的一步，也是最为关键的一步。当它完成的时候，整个布局会让人眼前一亮。

如果一个栅格系统可以适用 3 ～ 4 个布局，那么在大多数情况下，这个栅格就可以满足系统中多数需求。

10.6　本章提到的技巧

——————————— 设计技巧 21 ———————————

栅格布局是专业设计师必备技能。

——————————— 设计技巧 22 ———————————

较大的元素间距会让用户心情舒畅。

——————————— 设计技巧 23 ———————————

一个适用于主屏幕的网格也可以满足主屏幕的栅格布局系统中的多数需求。

▌第 11 章　直观的滚动

本章你将会了解到：

1. 如何正确使用水平滚动和垂直滚动。

2. 如何使滚动更直观。

3. 什么是折叠线，它是如何影响设计的。

之前的章节，我们讨论的都是没有滚动的布局，即所有的元素都能在无滚动的布局上完整显示。而目前常见的页面都是可以滚动的，所以，我们需要来讨论一下这种页面的布局。

当我们的布局比屏幕大时，就会需要水平或者垂直的滚动条，允许用户滚动页面以查看页面的所有内容。

用户使用的浏览器、屏幕大小、比例和分辨率不同，滚动方式也不尽相同，不同人在不同屏幕上也会看到不同的滚动效果。

多年来，滚动行为在设计界是不被认同的。大部分人都认为，在页面加载完毕时，页面上没有出现的东西就是不存在的。然而，随着时代的变化，滚动在布局设计中已然成为一个比较重要的部分。

11.1   水平和垂直滚动

当我们对台式电脑和笔记本电脑进行页面布局设计时，会经常使用到垂直滚动。用户也会自然而然地使用鼠标中键，期望在页面中看到更多的内容。

而水平滚动与之完全不同，在网页上，我们会尽量避免使用水平滚动，因为大部分鼠标不支持水平滚动，水平滚动使用起来极其不方便。

但是，在平板电脑和智能手机上就不一样了。用户主要通过触摸来操作它们，用户在使用这类设备的过程中，横向滚动变得比垂直滚动更加容易。在这里，我们就可以结合人体工程学理论来辅助设计工作。

在平板电脑上，横向滚动更为常见，而在电脑屏幕上，滚动最好是垂直的。

11.2   认识折叠线

在处理滚动时，关键的术语是"折叠线"。所谓"折叠线"，是印刷上的一种表达。例如，一张报纸被折叠的地方，就是折叠线。被折叠的报纸可能只是一个简单的实例，但它对设计产生了很大的影响。当你要购买一份报纸时，你首先会看到从顶部到页面的折叠线之间显而易见的内容，这些内容将决定你是否购买它。折叠线以下的内容都是不可见的，也都不是最初吸引你的地方。

当把折叠线原理转化到屏幕上时，折叠线就是你开始滑动时屏幕结束的地方。尽管在网页设计中，垂直滚动是允许的，但数据显示，往往人们都不太关注折叠线以下的内容。

▌一个典型的折叠线

因此，你需要将重要的内容都放在这条线以上（如页面上的操作），这些将引导用户去做你期望他所做的。这就是定义折叠线位置是设计布局过程中一个重要因素的原因。为了将折叠线考虑进去，我们在画界面原型时需要特别指出折叠线，并且规定在折叠线上期望用户看到的内容。

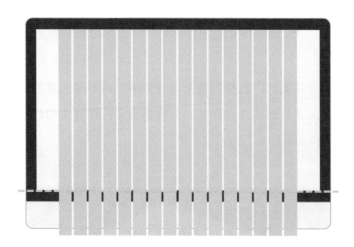

| 使用折叠线的布局

折叠线相关的时间统计

据统计，用户把大部分时间都花费在折叠线的上部。确切地说，我们花费 80% 的时间在折叠线以上进行浏览、搜索、阅读以及交互。而折叠线以下的页面内容，我们只花费不到 20% 的时间来浏览——即便我们在浏览一个非常长的页面。这个结果令人难以置信，但事实上确实如此。

此外，非常重要的一点就是：当页面在加载且我们与折叠线以上的部分进行交互时，内容应该保持不动。否则，当开始滚动页面时，我们只会大致地浏览页面，而对细节的关注度就会降低。

11.3　让滚动变得更直观

通常，在设计没有滚动的布局时，适当摆放元素位置即可。但是有了折叠线以后，设计师希望折叠线以上的元素可以完整地显示出来。但这样的话，布局就会造成一个假象：告诉用户当前页面的所有内容都已经全部显示，没有遗漏。

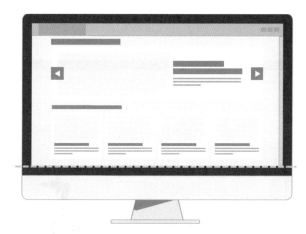

▍一个不好的折叠线布局的设计

如果我们想使滚动更加直观，我们不得不抛弃我们的直觉，用折叠线将元素切割成两个部分，一部分留在折叠线的上方，另一部分放在折叠线的下方。这样规划折叠线，可以使用户的大脑做出正确的判断，并且会吸引用户不自觉的滚动，浏览页面的其他内容。

▍引导用户滚动的折叠线设计

这种方式无论是在水平还是垂直滚动都可以使用。如果你希望使用水平滚动，那么在处理触摸界面时候，需确保隐藏的内容在可见区域显示出来一部分。

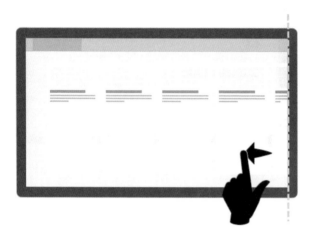

支持水平滚动与右折叠线的设计

同时使用垂直和水平滚动

在同一个页面上，同时使用水平滚动和垂直滚动是不可行的，原因很简单，滚动是依靠鼠标来控制的，但鼠标不支持双向滚动。大多数鼠标都支持垂直滚动，但是如果需要水平滚动，就必须把光标放置在滚动条上，拖动鼠标。显然，这种操作方式并不讨喜欢，我们应尽量避免这种设计。

唯一可以同时使用水平和垂直滚动的情况，就是当我们使用触摸设备时，这与平板电脑和智能手机的布局相关。在设计该类布局时，我们需要确保在水平和垂直方向上的折叠线能够切割到元素。但是，通常这类布局都是非常复杂的。

我们可以看到，尽管现在占主导地位的是鼠标而非触摸屏，但是仍然有越来越多的网站和应用程序使用水平滚动。如果你也想那样做，需要注意的是，在设计交互的时候不要使用标准的鼠标模型。为了使鼠标操作页面更方便，就要确保在滚动鼠标滚轮的时候，网站页面是横向滚动的。这就属于技术上的问题啦，并且可以在大部分的网络平台通用，让页面的交互更有意思。

11.4　本章提到的技巧

―――――――――― 设计技巧 24 ――――――――――

折叠线是设计师最好的朋友。

―――――――――― 设计技巧 25 ――――――――――

正确引导用户进行滚动操作。

―――――――――― 设计技巧 26 ――――――――――

鼠标并不适用于水平滚动。

―――――――――― 设计技巧 27 ――――――――――

水平滚动更适用于触摸方式。

结束语

设计师的"魔法"

读到这里，你应该知道设计师所拥有的"魔法"了吧，不管是你自己做设计还是去评审别人的设计，你都可以使用这种魔法。

这一切看起来像是虚构的，但是我们可以通过引导用户在页面上的行为，让设计更加完善，希望你能够充分的利用这些"魔法"，让它们更好地帮助你。

在魔法的世界里，一旦你学会了某个技能，你肯定不愿意与他人分享。但是设计师的世界与之不同，如果你发现这些东西的价值，请及时分享给你的同事和朋友，更多的人懂得如何设计，我们就能看到更多优秀的交互。

加入我们，一起努力，一点一点地改变世界。

你的朋友，

Tal Florentin

欢迎来到异步社区！

异步社区的来历

异步社区（www.epubit.com.cn）是人民邮电出版社旗下 IT 专业图书旗舰社区，于 2015 年 8 月上线运营。

异步社区依托于人民邮电出版社 20 余年的 IT 专业优质出版资源和编辑策划团队，打造传统出版与电子出版和自出版结合、纸质书与电子书结合、传统印刷与 POD 按需印刷结合的出版平台，提供最新技术资讯，为作者和读者打造交流互动的平台。

社区里都有什么？

购买图书

我们出版的图书涵盖主流 IT 技术，在编程语言、Web 技术、数据科学等领域有众多经典畅销图书。社区现已上线图书 1000 余种，电子书 400 多种，部分新书实现纸书、电子书同步出版。我们还会定期发布新书书讯。

下载资源

社区内提供随书附赠的资源，如书中的案例或程序源代码。

另外，社区还提供了大量的免费电子书，只要注册成为社区用户就可以免费下载。

与作译者互动

很多图书的作译者已经入驻社区，您可以关注他们，咨询技术问题；可以阅读不断更新的技术文章，听作译者和编辑畅聊好书背后有趣的故事；还可以参与社区的作者访谈栏目，向您关注的作者提出采访题目。

灵活优惠的购书

您可以方便地下单购买纸质图书或电子图书，纸质图书直接从人民邮电出版社书库发货，电子书提供多种阅读格式。

对于重磅新书，社区提供预售和新书首发服务，用户可以第一时间买到心仪的新书。

用户账户中的积分可以用于购书优惠。100 积分 =1 元，购买图书时，在 ⬚ 里填入可使用的积分数值，即可扣减相应金额。

特　别　优　惠

购买本书的读者专享异步社区购书优惠券。

使用方法：注册成为社区用户，在下单购书时输入 `S4XC5` `使用优惠码`，然后点击"使用优惠码"，即可在原折扣基础上享受全单9折优惠。（订单满39元即可使用，本优惠券只可使用一次）

纸电图书组合购买

社区独家提供纸质图书和电子书组合购买方式，价格优惠，一次购买，多种阅读选择。

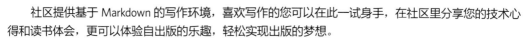

社区里还可以做什么？

提交勘误

您可以在图书页面下方提交勘误，每条勘误被确认后可以获得 100 积分。热心勘误的读者还有机会参与书稿的审校和翻译工作。

写作

社区提供基于 Markdown 的写作环境，喜欢写作的您可以在此一试身手，在社区里分享您的技术心得和读书体会，更可以体验自出版的乐趣，轻松实现出版的梦想。

如果成为社区认证作译者，还可以享受异步社区提供的作者专享特色服务。

会议活动早知道

您可以掌握 IT 圈的技术会议资讯，更有机会免费获赠大会门票。

加入异步

扫描任意二维码都能找到我们：

异步社区

微信服务号

微信订阅号

官方微博

QQ 群：436746675

社区网址：www.epubit.com.cn

投稿 & 咨询：contact@epubit.com.cn